굴리굴리 프렌즈와 함께하는
색칠하기

김현(굴리굴리) 지음

HB 한빛에듀

지은이 김현

친근하고 사랑스러운 캐릭터로 포털 사이트, 우유, 화장품, 호텔, 후원 단체 등 다양한 곳에서 협업 활동하며 대중적인 사랑을 받는 그림 작가이다. 학교에서 디자인을 공부하고, 그림 작가 굴리굴리(goolygooly)로 작품 활동을 시작했다. 두 아이의 아빠가 되면서 동심 가득한 그림책 작업에 몰두했으며, 2000년 한국출판미술대전에서 특별상을 받았다. 그린 책으로는 《내 사과, 누가 먹었지?》, 《찾아봐 찾아봐》, 《코~자자, 코~자》, 《굴리굴리 프렌즈 컬러링북》, 《꽃씨를 닮은 아가에게》, 《계절은 즐거워!》 등 유아 그림책과 컬러링북이 있다.

홈페이지 www.goolygooly.com

굴리굴리 프렌즈와 함께하는 색칠하기

초판 1쇄 발행 2017년 6월 15일
초판 4쇄 발행 2023년 4월 20일

지은이 김현 **펴낸이** 김태현
총괄 임규근 **책임편집** 전정아 **기획편집** 하민희 **진행** 오주현
디자인 천승훈
영업 문윤식, 조유미 **마케팅** 신우섭, 손희정, 김지선, 박수미, 이해원 **제작** 박성우, 김정우
펴낸곳 한빛에듀 **주소** 서울시 서대문구 연희로 2길 62 한빛미디어(주) 실용출판부
전화 02-336-7129 **팩스** 02-336-7124
등록 2015년 11월 24일 제2015-000351호 **ISBN** 978-89-6848-334-9 64410

이 책에 대한 의견이나 오탈자 및 잘못된 내용에 대한 수정 정보는 한빛에듀의 홈페이지나 아래 이메일로 알려주십시오. 잘못된 책은 구입하신 서점에서 교환해 드립니다. 책값은 뒤표지에 표시되어 있습니다.

한빛에듀 홈페이지 edu.hanbit.co.kr 이메일 edu@hanbit.co.kr

지금 하지 않으면 할 수 없는 일이 있습니다.
책으로 펴내고 싶은 아이디어나 원고를 메일(**writer@hanbit.co.kr**)로 보내주세요.
한빛미디어(주)는 여러분의 소중한 경험과 지식을 기다리고 있습니다.

사용연령 3세 이상 / **제조국** 대한민국
사용상 주의사항 책종이가 날카로우니 베이지 않도록 주의하세요.

봄, 여름, 가을, 겨울을
굴리굴리 프렌즈와 함께해요!

봄나들이 가서 도시락을 먹고,
꽃구경하고, 드라이브하고,
바닷속에서 첨벙, 비 오는 날도 첨벙,
무지개 미끄럼을 타고, 단풍놀이도 하고,
크리스마스트리를 꾸미는 등
굴리굴리 프렌즈와 함께 보내는
사계절을 색칠해 볼까요?

만나서 반가워! 굴리굴리 프렌즈를 소개할게

데이지는 토끼처럼 커다란 귀를 가지고 있어요.
데이지를 예쁘게 색칠해 보세요.

포비는 커다랗고 예쁜 눈을 가지고 있어요.
포비를 귀엽게 색칠해 보세요.

로이는 작고 귀여운 오리예요.
로이를 사랑스럽게 색칠해 보세요.

노란색 눈을 가진 루피는 머나먼 별에서 왔어요.
루피를 멋지게 색칠해 보세요.

데이지와 포비, 루피가 봄나들이하러 가요.
친구들에게 어울리는 색으로 색칠해 보세요.

굴리굴리 숲에 꽃들이 활짝 피었어요.
싱그러운 숲속을 색칠해 보세요.

나비와 벌이 꽃향기를 맡으며 날아다녀요.
봄과 어울리는 색으로 꽃과 나비, 벌을 색칠해 보세요.

포비가 잘 익은 딸기를 따고 있어요.
딸기와 포비를 색칠해 보세요.

더운 여름이 되자, 굴리굴리 숲에 아이스크림 차가 왔어요.
친구들이 꿈꾸는 아이스크림 차로 꾸며 보세요.

루피는 딸기 아이스크림을 골랐어요.
딸기 아이스크림을
더 달콤하게 만들어 주세요.

17

친구들은 물놀이하러 바다에 갈 거예요.
가방에 담을 수영복과 선글라스, 모자를 꾸며 주세요.

룰루랄라~ 친구들이 해변으로 가요!
철썩철썩 들리는 파도 소리에
한껏 들뜬 친구들을 색칠해 보세요.

소라를 귀에 대고 눈을 감으면 파도 소리가 들려요.
해변에서 사는 여러 친구를 색칠해 보세요.

22

첨벙첨벙~
데이지와 루피가 공을 주고받으며 물놀이해요.
바다를 색칠해 푸른 바다로 만들어 주세요.

24

어푸어푸~ 포비는 물속에서 헤엄치며 놀아요.
바닷속 친구들에게 인사하며 색칠해 보세요.

물놀이했더니 배가 고파요.
아삭아삭 맛있는 수박을 먹어 볼까요?
루피가 든 수박을 색칠해 보세요.

톡톡톡~ 비가 내려요. 친구들은 빗소리를 좋아해요.
빗소리를 즐기는 친구들의 모습을 색칠해 보세요.

뚝! 비가 그치고 무지개가 떴어요.
친구들이 주르륵 무지개 미끄럼을 타요.
무지개를 일곱 가지 색으로 색칠해 보세요.

루피가 새와 다람쥐에게 정답게 인사를 건네요.
가을이 찾아온 굴리굴리 숲을 색칠해 보세요.

호수에는 오리들이 노닐고 있어요.
사이좋은 오리 세 마리를 색칠해 보세요.

친구들이 나무 아래에서 도시락을 먹어요.
그늘이 되어준 커다란 나무를 색칠해 보세요.

도시락에 사과와 바나나를 가져왔어요.
먹음직스럽게 색칠해 보세요.

뛰뛰빵빵! 자동차를 타고 드라이브해요.
데이지 자동차를 색칠해 보세요.

해가 따스한 햇빛을 비추며
드라이브하는 친구들에게 인사해요.
방긋 미소 짓는 해를 색칠해 보세요.

음악에 이끌려 도착한 곳은 서커스장이에요.
시끌벅적한 서커스장을 꾸며 보세요.

루피를 닮은 어릿광대가 저글링을 해요.
머리가 뽀글뽀글한 어릿광대를 색칠해 보세요.

풍선을 여러 개 산 루피는 신이 났어요.
루피의 풍선을 신나게 색칠해 보세요.

포비는 팝콘을 와그작 소리 내며 먹는 것을 좋아해요.
산처럼 쌓인 팝콘은 어떤 맛일까요?

가을바람이 살랑살랑 불어오면
나뭇잎들이 울긋불긋 물들어요.
단풍잎을 알록달록 색칠해 보세요.

추운 겨울이 되자 곰과 뱀이 겨울잠을 자요.
친구들은 곰을 깨워 함께 놀고 싶은가 봐요.
조심조심 겨울잠 자는 곰과 뱀을 색칠해 보세요.

친구들은 곰에게 따뜻한 털모자와 털옷을 선물했어요.
곰이 좋아할 만한 색으로 털모자와 털옷을 색칠해 주세요.

흥겨운 캐럴이 들리고, 크리스마스가 다가와요.
콧노래를 부르며 크리스마스트리를 만들어 보세요.

산타클로스가 친구들에게 선물을 주러 가요.
보고 싶은 산타클로스를 색칠해 보세요.

야호! 크리스마스 선물을 받았어요!
좋아하는 색으로 선물을 색칠해 보세요.

친구들이 소원을 빌며 별을 따고 있어요.
함께 소원을 빌며,
별과 달을 색칠해 보세요.

좋아하는 그림을 그려 봐요!